Academic Diary
2022–2023

This Planner Belongs to

____

Goals This Year

- [ ]
- [ ]
- [ ]
- [ ]
- [ ]
- [ ]
- [ ]
- [ ]
- [ ]
- [ ]

2022

January

M	T	W	T	F	S	S
					1	2
3	4	5	6	7	8	9
10	11	12	13	14	15	16
17	18	19	20	21	22	23
24	25	26	27	28	29	30
31						

February

M	T	W	T	F	S	S
	1	2	3	4	5	6
7	8	9	10	11	12	13
14	15	16	17	18	19	20
21	22	23	24	25	26	27
28						

March

M	T	W	T	F	S	S
	1	2	3	4	5	6
7	8	9	10	11	12	13
14	15	16	17	18	19	20
21	22	23	24	25	26	27
28	29	30	31			

April

M	T	W	T	F	S	S
				1	2	3
4	5	6	7	8	9	10
11	12	13	14	15	16	17
18	19	20	21	22	23	24
25	26	27	28	29	30	

May

M	T	W	T	F	S	S
						1
2	3	4	5	6	7	8
9	10	11	12	13	14	15
16	17	18	19	20	21	22
23	24	25	26	27	28	29
30	31					

June

M	T	W	T	F	S	S
		1	2	3	4	5
6	7	8	9	10	11	12
13	14	15	16	17	18	19
20	21	22	23	24	25	26
27	28	29	30			

July

M	T	W	T	F	S	S
				1	2	3
4	5	6	7	8	9	10
11	12	13	14	15	16	17
18	19	20	21	22	23	24
25	26	27	28	29	30	31

August

M	T	W	T	F	S	S
1	2	3	4	5	6	7
8	9	10	11	12	13	14
15	16	17	18	19	20	21
22	23	24	25	26	27	28
29	30	31				

September

M	T	W	T	F	S	S
			1	2	3	4
5	6	7	8	9	10	11
12	13	14	15	16	17	18
19	20	21	22	23	24	25
26	27	28	29	30		

October

M	T	W	T	F	S	S
					1	2
3	4	5	6	7	8	9
10	11	12	13	14	15	16
17	18	19	20	21	22	23
24	25	26	27	28	29	30
31						

November

M	T	W	T	F	S	S
	1	2	3	4	5	6
7	8	9	10	11	12	13
14	15	16	17	18	19	20
21	22	23	24	25	26	27
28	29	30				

December

M	T	W	T	F	S	S
			1	2	3	4
5	6	7	8	9	10	11
12	13	14	15	16	17	18
19	20	21	22	23	24	25
26	27	28	29	30	31	

2023

January

M	T	W	T	F	S	S
						1
2	3	4	5	6	7	8
9	10	11	12	13	14	15
16	17	18	19	20	21	22
23	24	25	26	27	28	29
30	31					

February

M	T	W	T	F	S	S
		1	2	3	4	5
6	7	8	9	10	11	12
13	14	15	16	17	18	19
20	21	22	23	24	25	26
27	28					

March

M	T	W	T	F	S	S
		1	2	3	4	5
6	7	8	9	10	11	12
13	14	15	16	17	18	19
20	21	22	23	24	25	26
27	28	29	30	31		

April

M	T	W	T	F	S	S
					1	2
3	4	5	6	7	8	9
10	11	12	13	14	15	16
17	18	19	20	21	22	23
24	25	26	27	28	29	30

May

M	T	W	T	F	S	S
1	2	3	4	5	6	7
8	9	10	11	12	13	14
15	16	17	18	19	20	21
22	23	24	25	26	27	28
29	30	31				

June

M	T	W	T	F	S	S
			1	2	3	4
5	6	7	8	9	10	11
12	13	14	15	16	17	18
19	20	21	22	23	24	25
26	27	28	29	30		

July

M	T	W	T	F	S	S
					1	2
3	4	5	6	7	8	9
10	11	12	13	14	15	16
17	18	19	20	21	22	23
24	25	26	27	28	29	30
31						

August

M	T	W	T	F	S	S
1	2	3	4	5	6	
7	8	9	10	11	12	13
14	15	16	17	18	19	20
21	22	23	24	25	26	27
28	29	30	31			

September

M	T	W	T	F	S	S
				1	2	3
4	5	6	7	8	9	10
11	12	13	14	15	16	17
18	19	20	21	22	23	24
25	26	27	28	29	30	

October

M	T	W	T	F	S	S
						1
2	3	4	5	6	7	8
9	10	11	12	13	14	15
16	17	18	19	20	21	22
23	24	25	26	27	28	29
30	31					

November

M	T	W	T	F	S	S
		1	2	3	4	5
6	7	8	9	10	11	12
13	14	15	16	17	18	19
20	21	22	23	24	25	26
27	28	29	30			

December

M	T	W	T	F	S	S
				1	2	3
4	5	6	7	8	9	10
11	12	13	14	15	16	17
18	19	20	21	22	23	24
25	26	27	28	29	30	31

Important Dates

January

February

March

April

May

June

July

August

September

October

November

December

January

February

March

April

May

June

July

August

September

October

November

December

Yearly Plan

	2022 August	2022 September	2022 October	2022 November	2022 December	2023 January
MON	1					
TUE	2			1		
WED	3			2		
THU	4	1		3	1	
FRI	5	2		4	2	
SAT	6	3	1	5	3	
SUN	7	4	2	6	4	1
MON	8	5	3	7	5	2
TUE	9	6	4	8	6	3
WED	10	7	5	9	7	4
THU	11	8	6	10	8	5
FRI	12	9	7	11	9	6
SAT	13	10	8	12	10	7
SUN	14	11	9	13	11	8
MON	15	12	10	14	12	9
TUE	16	13	11	15	13	10
WED	17	14	12	16	14	11
THU	18	15	13	17	15	12
FRI	19	16	14	18	16	13
SAT	20	17	15	19	17	14
SUN	21	18	16	20	18	15
MON	22	19	17	21	19	16
TUE	23	20	18	22	20	17
WED	24	21	19	23	21	18
THU	25	22	20	24	22	19
FRI	26	23	21	25	23	20
SAT	27	24	22	26	24	21
SUN	28	25	23	27	25	22
MON	29	26	24	28	26	23
TUE	30	27	25	29	27	24
WED	31	28	26	30	28	25
THU		29	27		29	26
FRI		30	28		30	27
SAT			29		31	28
SUN			30			29
MON			31			30
TUE						31

2023	2023	2023	2023	2023	2023	
February	*March*	*April*	*May*	*June*	*July*	
			1			MON
			2			TUE
1	1		3			WED
2	2		4	1		THU
3	3		5	2		FRI
4	4	1	6	3	1	SAT
5	5	2	7	4	2	SUN
6	6	3	8	5	3	MON
7	7	4	9	6	4	TUE
8	8	5	10	7	5	WED
9	9	6	11	8	6	THU
10	10	7	12	9	7	FRI
11	11	8	13	10	8	SAT
12	12	9	14	11	9	SUN
13	13	10	15	12	10	MON
14	14	11	16	13	11	TUE
15	15	12	17	14	12	WED
16	16	13	18	15	13	THU
17	17	14	19	16	14	FRI
18	18	15	20	17	15	SAT
19	19	16	21	18	16	SUN
20	20	17	22	19	17	MON
21	21	18	23	20	18	TUE
22	22	19	24	21	19	WED
23	23	20	25	22	20	THU
24	24	21	26	23	21	FRI
25	25	22	27	24	22	SAT
26	26	23	28	25	23	SUN
27	27	24	29	26	24	MON
28	28	25	30	27	25	TUE
	29	26	31	28	26	WED
	30	27		29	27	THU
	31	28		30	28	FRI
		29			29	SAT
		30			30	SUN
					31	MON
						TUE

Timetable

	Monday	Tuesday	Wednesday	Thursday	Friday	Saturday	Sunday
7:00							
7:30							
8:00							
8:30							
9:00							
9:30							
10:00							
10:30							
11:00							
11:30							
12:00							
12:30							
13:00							
13:30							
14:00							
14:30							
15:00							
15:30							
16:00							
16:30							
17:00							
17:30							
18:00							
18:30							
19:00							
19:30							
20:00							
20:30							
21:00							
21:30							
22:00							
22:30							
23:00							
23:30							
00:00							

How I'll Make
This Year Amazing

- [ ]
- [ ]
- [ ]
- [ ]
- [ ]
- [ ]
- [ ]
- [ ]
- [ ]
- [ ]

August

Monday	Tuesday	Wednesday	Thursday
1	2	3	4
8	9	10	11
15	16	17	18
22	23	24	19
29	30	31	1

Friday	Saturday	Sunday	Priorities
5	6	7	O ________
			O ________
			O ________
			O ________
12	13	14	O ________
			O ________
			O ________
			O ________
19	20	21	O ________
			O ________
			Notes
26	27	28	
2	3	4	

August 2022

Priorities ____

August

M	T	W	T	F	S	S
1	2	3	4	5	6	7
8	9	10	11	12	13	14
15	16	17	18	19	20	21
22	23	24	25	26	27	28
29	30	31				

○ ____
○ ____
○ ____
○ ____
○ ____

1 Monday

8h	14h
9h	15h
10h	16h
11h	17h
12h	18h
13h	19h

2 Tuesday

8h	14h
9h	15h
10h	16h
11h	17h
12h	18h
13h	19h

3 Wednesday

8h	14h
9h	15h
10h	16h
11h	17h
12h	18h
13h	19h

4 Thursday

8h	14h
9h	15h
10h	16h
11h	17h
12h	18h
13h	19h

5 Friday

8h	14h
9h	15h
10h	16h
11h	17h
12h	18h
13h	19h

6 Saturday

8h	14h
9h	15h
10h	16h
11h	17h
12h	18h
13h	19h

7 Sunday

8h	14h
9h	15h
10h	16h
11h	17h
12h	18h
13h	19h

August 2022

Priorities ____

August

M	T	W	T	F	S	S
1	2	3	4	5	6	7
8	9	10	11	12	13	14
15	16	17	18	19	20	21
22	23	24	25	26	27	28
29	30	31				

○ ____

○ ____

○ ____

○ ____

○ ____

8 Monday

8h ______________________   14h ______________________

9h ______________________   15h ______________________

10h ______________________   16h ______________________

11h ______________________   17h ______________________

12h ______________________   18h ______________________

13h ______________________   19h ______________________

9 Tuesday

8h ______________________   14h ______________________

9h ______________________   15h ______________________

10h ______________________   16h ______________________

11h ______________________   17h ______________________

12h ______________________   18h ______________________

13h ______________________   19h ______________________

10 Wednesday

8h ______________________   14h ______________________

9h ______________________   15h ______________________

10h ______________________   16h ______________________

11h ______________________   17h ______________________

12h ______________________   18h ______________________

13h ______________________   19h ______________________

11 Thursday

8h	14h
9h	15h
10h	16h
11h	17h
12h	18h
13h	19h

12 Friday

8h	14h
9h	15h
10h	16h
11h	17h
12h	18h
13h	19h

13 Saturday

8h	14h
9h	15h
10h	16h
11h	17h
12h	18h
13h	19h

14 Sunday

8h	14h
9h	15h
10h	16h
11h	17h
12h	18h
13h	19h

August 2022

Priorities

○ _______________________________

○ _______________________________

○ _______________________________

○ _______________________________

○ _______________________________

August

M	T	W	T	F	S	S
1	2	3	4	5	6	7
8	9	10	11	12	13	14
15	16	17	18	19	20	21
22	23	24	25	26	27	28
29	30	31				

15 Monday

8h _______________________ 14h _______________________

9h _______________________ 15h _______________________

10h _______________________ 16h _______________________

11h _______________________ 17h _______________________

12h _______________________ 18h _______________________

13h _______________________ 19h _______________________

16 Tuesday

8h _______________________ 14h _______________________

9h _______________________ 15h _______________________

10h _______________________ 16h _______________________

11h _______________________ 17h _______________________

12h _______________________ 18h _______________________

13h _______________________ 19h _______________________

17 Wednesday

8h _______________________ 14h _______________________

9h _______________________ 15h _______________________

10h _______________________ 16h _______________________

11h _______________________ 17h _______________________

12h _______________________ 18h _______________________

13h _______________________ 19h _______________________

18 Thursday

8h ____________________ 14h ____________________
9h ____________________ 15h ____________________
10h ____________________ 16h ____________________
11h ____________________ 17h ____________________
12h ____________________ 18h ____________________
13h ____________________ 19h ____________________

19 Friday

8h ____________________ 14h ____________________
9h ____________________ 15h ____________________
10h ____________________ 16h ____________________
11h ____________________ 17h ____________________
12h ____________________ 18h ____________________
13h ____________________ 19h ____________________

20 Saturday

8h ____________________ 14h ____________________
9h ____________________ 15h ____________________
10h ____________________ 16h ____________________
11h ____________________ 17h ____________________
12h ____________________ 18h ____________________
13h ____________________ 19h ____________________

21 Sunday

8h ____________________ 14h ____________________
9h ____________________ 15h ____________________
10h ____________________ 16h ____________________
11h ____________________ 17h ____________________
12h ____________________ 18h ____________________
13h ____________________ 19h ____________________

August 2022

○
○
○
○
○

22 Monday

8h	14h
9h	15h
10h	16h
11h	17h
12h	18h
13h	19h

23 Tuesday

8h	14h
9h	15h
10h	16h
11h	17h
12h	18h
13h	19h

24 Wednesday

8h	14h
9h	15h
10h	16h
11h	17h
12h	18h
13h	19h

25 Thursday

8h	14h
9h	15h
10h	16h
11h	17h
12h	18h
13h	19h

26 Friday

8h	14h
9h	15h
10h	16h
11h	17h
12h	18h
13h	19h

27 Saturday

8h	14h
9h	15h
10h	16h
11h	17h
12h	18h
13h	19h

28 Sunday

8h	14h
9h	15h
10h	16h
11h	17h
12h	18h
13h	19h

August 2022

Priorities

- ○ __________________
- ○ __________________
- ○ __________________
- ○ __________________
- ○ __________________

August

M	T	W	T	F	S	S
1	2	3	4	5	6	7
8	9	10	11	12	13	14
15	16	17	18	19	20	21
22	23	24	25	26	27	28
29	30	31	1	2	3	4

29 Monday

8h	14h
9h	15h
10h	16h
11h	17h
12h	18h
13h	19h

30 Tuesday

8h	14h
9h	15h
10h	16h
11h	17h
12h	18h
13h	19h

31 Wednesday

8h	14h
9h	15h
10h	16h
11h	17h
12h	18h
13h	19h

1 — Thursday, September

8h	14h
9h	15h
10h	16h
11h	17h
12h	18h
13h	19h

2 — Friday, September

8h	14h
9h	15h
10h	16h
11h	17h
12h	18h
13h	19h

3 — Saturday, September

8h	14h
9h	15h
10h	16h
11h	17h
12h	18h
13h	19h

4 — Sunday, September

8h	14h
9h	15h
10h	16h
11h	17h
12h	18h
13h	19h

Monday	Tuesday	Wednesday	Thursday
29	30	31	1
5	6	7	8
12	13	14	15
19	20	21	22
26	27	28	29

Friday	Saturday	Sunday	Priorities
2	3	4	O
9	10	11	O O O O
16	17	18	O O O O O O
23	24	25	
30	1	2	

Notes

September 2022

Priorities

September

M	T	W	T	F	S	S
			1	2	3	4
5	6	7	8	9	10	11
12	13	14	15	16	17	18
19	20	21	22	23	24	25
26	27	28	29	30		

- ◯
- ◯
- ◯
- ◯
- ◯

5 Monday

8h
9h
10h
11h
12h
13h

14h
15h
16h
17h
18h
19h

6 Tuesday

8h
9h
10h
11h
12h
13h

14h
15h
16h
17h
18h
19h

7 Wednesday

8h
9h
10h
11h
12h
13h

14h
15h
16h
17h
18h
19h

8 Thursday

8h

9h

10h

11h

12h

13h

14h

15h

16h

17h

18h

19h

9 Friday

8h

9h

10h

11h

12h

13h

14h

15h

16h

17h

18h

19h

10 Saturday

8h

9h

10h

11h

12h

13h

14h

15h

16h

17h

18h

19h

11 Sunday

8h

9h

10h

11h

12h

13h

14h

15h

16h

17h

18h

19h

September 2022

Priorities _______________________________________

O _______________________________________
O _______________________________________
O _______________________________________
O _______________________________________
O _______________________________________

M	T	W	T	F	S	S
			1	2	3	4
5	6	7	8	9	10	11
12	13	14	15	16	17	18
19	20	21	22	23	24	25
26	27	28	29	30		

12 Monday

8h	14h
9h	15h
10h	16h
11h	17h
12h	18h
13h	19h

13 Tuesday

8h	14h
9h	15h
10h	16h
11h	17h
12h	18h
13h	19h

14 Wednesday

8h	14h
9h	15h
10h	16h
11h	17h
12h	18h
13h	19h

15 Thursday

8h	14h
9h	15h
10h	16h
11h	17h
12h	18h
13h	19h

16 Friday

8h	14h
9h	15h
10h	16h
11h	17h
12h	18h
13h	19h

17 Saturday

8h	14h
9h	15h
10h	16h
11h	17h
12h	18h
13h	19h

18 Sunday

8h	14h
9h	15h
10h	16h
11h	17h
12h	18h
13h	19h

September 2022

Priorities _______________________________________

M	T	W	T	F	S	S
			1	2	3	4
5	6	7	8	9	10	11
12	13	14	15	16	17	18
19	20	21	22	23	24	25
26	27	28	29	30		

○ _______________________________________
○ _______________________________________
○ _______________________________________
○ _______________________________________
○ _______________________________________

19 Monday

8h __________________________ 14h __________________________
9h __________________________ 15h __________________________
10h __________________________ 16h __________________________
11h __________________________ 17h __________________________
12h __________________________ 18h __________________________
13h __________________________ 19h __________________________

20 Tuesday

8h __________________________ 14h __________________________
9h __________________________ 15h __________________________
10h __________________________ 16h __________________________
11h __________________________ 17h __________________________
12h __________________________ 18h __________________________
13h __________________________ 19h __________________________

21 Wednesday

8h __________________________ 14h __________________________
9h __________________________ 15h __________________________
10h __________________________ 16h __________________________
11h __________________________ 17h __________________________
12h __________________________ 18h __________________________
13h __________________________ 19h __________________________

22 Thursday

8h
9h
10h
11h
12h
13h

14h
15h
16h
17h
18h
19h

23 Friday

8h
9h
10h
11h
12h
13h

14h
15h
16h
17h
18h
19h

24 Saturday

8h
9h
10h
11h
12h
13h

14h
15h
16h
17h
18h
19h

25 Sunday

8h
9h
10h
11h
12h
13h

14h
15h
16h
17h
18h
19h

September 2022

Priorities ____

○ ____
○ ____
○ ____
○ ____
○ ____

26 Monday

8h	14h
9h	15h
10h	16h
11h	17h
12h	18h
13h	19h

27 Tuesday

8h	14h
9h	15h
10h	16h
11h	17h
12h	18h
13h	19h

28 Wednesday

8h	14h
9h	15h
10h	16h
11h	17h
12h	18h
13h	19h

29 Thursday

8h	14h
9h	15h
10h	16h
11h	17h
12h	18h
13h	19h

30 Friday

8h	14h
9h	15h
10h	16h
11h	17h
12h	18h
13h	19h

1 Saturday, October

8h	14h
9h	15h
10h	16h
11h	17h
12h	18h
13h	19h

2 Sunday, October

8h	14h
9h	15h
10h	16h
11h	17h
12h	18h
13h	19h

October

Monday	Tuesday	Wednesday	Thursday
26	27	28	29
3	4	5	6
10	11	12	13
17	18	19	20
24	25	26	27
31	1	2	3

Friday	Saturday	Sunday	Priorities
30	1	2	○ __________
			○ __________
			○ __________
7	8	9	○ __________
			○ __________
			○ __________
14	15	16	○ __________
			○ __________
			○ __________
			○ __________
21	22	23	*Notes*
			__________
			__________
28	29	30	__________
			__________
			__________
4	5	6	__________
			__________

October 2022

Priorities

- ○ ______________________________
- ○ ______________________________
- ○ ______________________________
- ○ ______________________________
- ○ ______________________________

October

M	T	W	T	F	S	S
					1	2
3	4	5	6	7	8	9
10	11	12	13	14	15	16
17	18	19	20	21	22	23
24	25	26	27	28	29	30
31						

3 Monday

8h ______________	14h ______________
9h ______________	15h ______________
10h _____________	16h ______________
11h _____________	17h ______________
12h _____________	18h ______________
13h _____________	19h ______________

4 Tuesday

8h ______________	14h ______________
9h ______________	15h ______________
10h _____________	16h ______________
11h _____________	17h ______________
12h _____________	18h ______________
13h _____________	19h ______________

5 Wednesday

8h ______________	14h ______________
9h ______________	15h ______________
10h _____________	16h ______________
11h _____________	17h ______________
12h _____________	18h ______________
13h _____________	19h ______________

6 Thursday

8h

9h

10h

11h

12h

13h

14h

15h

16h

17h

18h

19h

7 Friday

8h

9h

10h

11h

12h

13h

14h

15h

16h

17h

18h

19h

8 Saturday

8h

9h

10h

11h

12h

13h

14h

15h

16h

17h

18h

19h

9 Sunday

8h

9h

10h

11h

12h

13h

14h

15h

16h

17h

18h

19h

October 2022

Priorities

- ◯ _______________________
- ◯ _______________________
- ◯ _______________________
- ◯ _______________________
- ◯ _______________________

October

M	T	W	T	F	S	S
					1	2
3	4	5	6	7	8	9
10	11	12	13	14	15	16
17	18	19	20	21	22	23
24	25	26	27	28	29	30
31						

10 Monday

8h	14h
9h	15h
10h	16h
11h	17h
12h	18h
13h	19h

11 Tuesday

8h	14h
9h	15h
10h	16h
11h	17h
12h	18h
13h	19h

12 Wednesday

8h	14h
9h	15h
10h	16h
11h	17h
12h	18h
13h	19h

13 Thursday

8h	14h
9h	15h
10h	16h
11h	17h
12h	18h
13h	19h

14 Friday

8h	14h
9h	15h
10h	16h
11h	17h
12h	18h
13h	19h

15 Saturday

8h	14h
9h	15h
10h	16h
11h	17h
12h	18h
13h	19h

16 Sunday

8h	14h
9h	15h
10h	16h
11h	17h
12h	18h
13h	19h

October 2022

Priorities

- ○ ____
- ○ ____
- ○ ____
- ○ ____
- ○ ____

October

M	T	W	T	F	S	S
					1	2
3	4	5	6	7	8	9
10	11	12	13	14	15	16
17	18	19	20	21	22	23
24	25	26	27	28	29	30
31						

17 Monday

8h	14h
9h	15h
10h	16h
11h	17h
12h	18h
13h	19h

18 Tuesday

8h	14h
9h	15h
10h	16h
11h	17h
12h	18h
13h	19h

19 Wednesday

8h	14h
9h	15h
10h	16h
11h	17h
12h	18h
13h	19h

20 Thursday

8h ___________________________ 14h ___________________________
9h ___________________________ 15h ___________________________
10h ___________________________ 16h ___________________________
11h ___________________________ 17h ___________________________
12h ___________________________ 18h ___________________________
13h ___________________________ 19h ___________________________

21 Friday

8h ___________________________ 14h ___________________________
9h ___________________________ 15h ___________________________
10h ___________________________ 16h ___________________________
11h ___________________________ 17h ___________________________
12h ___________________________ 18h ___________________________
13h ___________________________ 19h ___________________________

22 Saturday

8h ___________________________ 14h ___________________________
9h ___________________________ 15h ___________________________
10h ___________________________ 16h ___________________________
11h ___________________________ 17h ___________________________
12h ___________________________ 18h ___________________________
13h ___________________________ 19h ___________________________

23 Sunday

8h ___________________________ 14h ___________________________
9h ___________________________ 15h ___________________________
10h ___________________________ 16h ___________________________
11h ___________________________ 17h ___________________________
12h ___________________________ 18h ___________________________
13h ___________________________ 19h ___________________________

October 2022

Priorities

- ○
- ○
- ○
- ○
- ○

October

M	T	W	T	F	S	S
					1	2
3	4	5	6	7	8	9
10	11	12	13	14	15	16
17	18	19	20	21	22	23
24	25	26	27	28	29	30
31						

24 Monday

8h | 14h
9h | 15h
10h | 16h
11h | 17h
12h | 18h
13h | 19h

25 Tuesday

8h | 14h
9h | 15h
10h | 16h
11h | 17h
12h | 18h
13h | 19h

26 Wednesday

8h | 14h
9h | 15h
10h | 16h
11h | 17h
12h | 18h
13h | 19h

27 Thursday

8h	14h
9h	15h
10h	16h
11h	17h
12h	18h
13h	19h

28 Friday

8h	14h
9h	15h
10h	16h
11h	17h
12h	18h
13h	19h

29 Saturday

8h	14h
9h	15h
10h	16h
11h	17h
12h	18h
13h	19h

30 Sunday

8h	14h
9h	15h
10h	16h
11h	17h
12h	18h
13h	19h

October 2022

Priorities _______________________________

M	T	W	T	F	S	S
					1	2
3	4	5	6	7	8	9
10	11	12	13	14	15	16
17	18	19	20	21	22	23
24	25	26	27	28	29	30
31	1	2	3	4	5	6

- ○ _______________________________
- ○ _______________________________
- ○ _______________________________
- ○ _______________________________
- ○ _______________________________

31 Monday

8h	14h
9h	15h
10h	16h
11h	17h
12h	18h
13h	19h

1 Tuesday, November

8h	14h
9h	15h
10h	16h
11h	17h
12h	18h
13h	19h

2 Wednesday, November

8h	14h
9h	15h
10h	16h
11h	17h
12h	18h
13h	19h

3 Thursday, November

8h	14h
9h	15h
10h	16h
11h	17h
12h	18h
13h	19h

4 Friday, November

8h	14h
9h	15h
10h	16h
11h	17h
12h	18h
13h	19h

5 Saturday, November

8h	14h
9h	15h
10h	16h
11h	17h
12h	18h
13h	19h

6 Sunday, November

8h	14h
9h	15h
10h	16h
11h	17h
12h	18h
13h	19h

November

Monday	Tuesday	Wednesday	Thursday
31	1	2	3
7	8	9	10
14	15	16	17
21	22	23	24
28	29	30	1

Friday	Saturday	Sunday	Priorities
4	5	6	O __________
			O __________
			O __________
			O __________
11	12	13	O __________
			O __________
			O __________
			O __________
18	19	20	O __________
			Notes
25	26	27	
2	3	4	

November 2022

○ ____
○ ____
○ ____
○ ____
○ ____

November

M	T	W	T	F	S	S
	1	2	3	4	5	6
7	8	9	10	11	12	13
14	15	16	17	18	19	20
21	22	23	24	25	26	27
28	29	30				

7 Monday

8h	14h
9h	15h
10h	16h
11h	17h
12h	18h
13h	19h

8 Tuesday

8h	14h
9h	15h
10h	16h
11h	17h
12h	18h
13h	19h

9 Wednesday

8h	14h
9h	15h
10h	16h
11h	17h
12h	18h
13h	19h

10 Thursday

8h	14h
9h	15h
10h	16h
11h	17h
12h	18h
13h	19h

11 Friday

8h	14h
9h	15h
10h	16h
11h	17h
12h	18h
13h	19h

12 Saturday

8h	14h
9h	15h
10h	16h
11h	17h
12h	18h
13h	19h

13 Sunday

8h	14h
9h	15h
10h	16h
11h	17h
12h	18h
13h	19h

November 2022

Priorities

- _______________________________
- _______________________________
- _______________________________
- _______________________________
- _______________________________

November

M	T	W	T	F	S	S
	1	2	3	4	5	6
7	8	9	10	11	12	13
14	15	16	17	18	19	20
21	22	23	24	25	26	27
28	29	30				

14 Monday

8h	14h
9h	15h
10h	16h
11h	17h
12h	18h
13h	19h

15 Tuesday

8h	14h
9h	15h
10h	16h
11h	17h
12h	18h
13h	19h

16 Wednesday

8h	14h
9h	15h
10h	16h
11h	17h
12h	18h
13h	19h

17 Thursday

8h	14h
9h	15h
10h	16h
11h	17h
12h	18h
13h	19h

18 Friday

8h	14h
9h	15h
10h	16h
11h	17h
12h	18h
13h	19h

19 Saturday

8h	14h
9h	15h
10h	16h
11h	17h
12h	18h
13h	19h

20 Sunday

8h	14h
9h	15h
10h	16h
11h	17h
12h	18h
13h	19h

November 2022

Priorities

- ○
- ○
- ○
- ○
- ○

November

M	T	W	T	F	S	S
	1	2	3	4	5	6
7	8	9	10	11	12	13
14	15	16	17	18	19	20
21	22	23	24	25	26	27
28	29	30				

21 Monday

8h	14h
9h	15h
10h	16h
11h	17h
12h	18h
13h	19h

22 Tuesday

8h	14h
9h	15h
10h	16h
11h	17h
12h	18h
13h	19h

23 Wednesday

8h	14h
9h	15h
10h	16h
11h	17h
12h	18h
13h	19h

24 Thursday

8h	14h
9h	15h
10h	16h
11h	17h
12h	18h
13h	19h

25 Friday

8h	14h
9h	15h
10h	16h
11h	17h
12h	18h
13h	19h

26 Saturday

8h	14h
9h	15h
10h	16h
11h	17h
12h	18h
13h	19h

27 Sunday

8h	14h
9h	15h
10h	16h
11h	17h
12h	18h
13h	19h

November 2022

Priorities

- ○ _______________________________________
- ○ _______________________________________
- ○ _______________________________________
- ○ _______________________________________
- ○ _______________________________________

November

M	T	W	T	F	S	S
	1	2	3	4	5	6
7	8	9	10	11	12	13
14	15	16	17	18	19	20
21	22	23	24	25	26	27
28	29	30	1	2	3	4

28 Monday

8h	14h
9h	15h
10h	16h
11h	17h
12h	18h
13h	19h

29 Tuesday

8h	14h
9h	15h
10h	16h
11h	17h
12h	18h
13h	19h

30 Wednesday

8h	14h
9h	15h
10h	16h
11h	17h
12h	18h
13h	19h

1 — Thursday, December

8h	14h
9h	15h
10h	16h
11h	17h
12h	18h
13h	19h

2 — Friday, December

8h	14h
9h	15h
10h	16h
11h	17h
12h	18h
13h	19h

3 — Saturday, December

8h	14h
9h	15h
10h	16h
11h	17h
12h	18h
13h	19h

4 — Sunday, December

8h	14h
9h	15h
10h	16h
11h	17h
12h	18h
13h	19h

December

Monday	Tuesday	Wednesday	Thursday
28	29	30	1
5	6	7	8
11	12	14	15
19	20	21	22
26	27	28	29

Friday	Saturday	Sunday	Priorities
2	3	4	O
9	10	11	O
16	17	18	O
23	24	25	O
1	2	3	O

Priorities
O
O
O
O
O
O
O
O
O
O

Notes

December 2022

December

M	T	W	T	F	S	S
			1	2	3	4
5	6	7	8	9	10	11
12	13	14	15	16	17	18
19	20	21	22	23	24	25
26	27	28	29	30	31	

- ○ ______________________________
- ○ ______________________________
- ○ ______________________________
- ○ ______________________________
- ○ ______________________________

5 Monday

8h	14h
9h	15h
10h	16h
11h	17h
12h	18h
13h	19h

6 Tuesday

8h	14h
9h	15h
10h	16h
11h	17h
12h	18h
13h	19h

7 Wednesday

8h	14h
9h	15h
10h	16h
11h	17h
12h	18h
13h	19h

8 Thursday

8h

9h

10h

11h

12h

13h

14h

15h

16h

17h

18h

19h

9 Friday

8h

9h

10h

11h

12h

13h

14h

15h

16h

17h

18h

19h

10 Saturday

8h

9h

10h

11h

12h

13h

14h

15h

16h

17h

18h

19h

11 Sunday

8h

9h

10h

11h

12h

13h

14h

15h

16h

17h

18h

19h

December 2022

December

M	T	W	T	F	S	S
			1	2	3	4
5	6	7	8	9	10	11
12	13	14	15	16	17	18
19	20	21	22	23	24	25
26	27	28	29	30	31	

- ○
- ○
- ○
- ○
- ○

12 Monday

8h
9h
10h
11h
12h
13h
14h
15h
16h
17h
18h
19h

13 Tuesday

8h
9h
10h
11h
12h
13h
14h
15h
16h
17h
18h
19h

14 Wednesday

8h
9h
10h
11h
12h
13h
14h
15h
16h
17h
18h
19h

15 Thursday

8h ___________________
9h ___________________
10h ___________________
11h ___________________
12h ___________________
13h ___________________

14h ___________________
15h ___________________
16h ___________________
17h ___________________
18h ___________________
19h ___________________

16 Friday

8h ___________________
9h ___________________
10h ___________________
11h ___________________
12h ___________________
13h ___________________

14h ___________________
15h ___________________
16h ___________________
17h ___________________
18h ___________________
19h ___________________

17 Saturday

8h ___________________
9h ___________________
10h ___________________
11h ___________________
12h ___________________
13h ___________________

14h ___________________
15h ___________________
16h ___________________
17h ___________________
18h ___________________
19h ___________________

18 Sunday

8h ___________________
9h ___________________
10h ___________________
11h ___________________
12h ___________________
13h ___________________

14h ___________________
15h ___________________
16h ___________________
17h ___________________
18h ___________________
19h ___________________

December 2022

Priorities

December

M	T	W	T	F	S	S
			1	2	3	4
5	6	7	8	9	10	11
12	13	14	15	16	17	18
19	20	21	22	23	24	25
26	27	28	29	30	31	

19 Monday

8h
9h
10h
11h
12h
13h

14h
15h
16h
17h
18h
19h

20 Tuesday

8h
9h
10h
11h
12h
13h

14h
15h
16h
17h
18h
19h

21 Wednesday

8h
9h
10h
11h
12h
13h

14h
15h
16h
17h
18h
19h

22 Thursday

8h
9h
10h
11h
12h
13h

14h
15h
16h
17h
18h
19h

23 Friday

8h
9h
10h
11h
12h
13h

14h
15h
16h
17h
18h
19h

24 Saturday

8h
9h
10h
11h
12h
13h

14h
15h
16h
17h
18h
19h

25 Sunday

8h
9h
10h
11h
12h
13h

14h
15h
16h
17h
18h
19h

December 2022

Priorities

○ ________________________

○ ________________________

○ ________________________

○ ________________________

○ ________________________

December

M	T	W	T	F	S	S
			1	2	3	4
5	6	7	8	9	10	11
12	13	14	15	16	17	18
19	20	21	22	23	24	25
26	27	28	29	30	31	1

26 Monday

8h	14h
9h	15h
10h	16h
11h	17h
12h	18h
13h	19h

27 Tuesday

8h	14h
9h	15h
10h	16h
11h	17h
12h	18h
13h	19h

28 Wednesday

8h	14h
9h	15h
10h	16h
11h	17h
12h	18h
13h	19h

29 Thursday

8h	14h
9h	15h
10h	16h
11h	17h
12h	18h
13h	19h

30 Friday

8h	14h
9h	15h
10h	16h
11h	17h
12h	18h
13h	19h

31 Saturday

8h	14h
9h	15h
10h	16h
11h	17h
12h	18h
13h	19h

1 Sunday, January 2023

8h	14h
9h	15h
10h	16h
11h	17h
12h	18h
13h	19h

January

Monday	Tuesday	Wednesday	Thursday
26	27	28	29
2	3	4	5
9	10	11	12
16	17	18	19
23	24	25	26
30	31	1	2

Friday	Saturday	Sunday	Priorities
30	31	1	O
6	7	8	O O O O O O
13	14	15	O O O
20	21	22	Notes
27	28	29	
3	4	5	

January 2023

Priorities

○ ______________________________________
○ ______________________________________
○ ______________________________________
○ ______________________________________
○ ______________________________________

January

M	T	W	T	F	S	S
						1
2	3	4	5	6	7	8
9	10	11	12	13	14	15
16	17	18	19	20	21	22
23	24	25	26	27	28	29
30	31					

2 Monday

8h _______________	14h _______________
9h _______________	15h _______________
10h _______________	16h _______________
11h _______________	17h _______________
12h _______________	18h _______________
13h _______________	19h _______________

3 Tuesday

8h _______________	14h _______________
9h _______________	15h _______________
10h _______________	16h _______________
11h _______________	17h _______________
12h _______________	18h _______________
13h _______________	19h _______________

4 Wednesday

8h _______________	14h _______________
9h _______________	15h _______________
10h _______________	16h _______________
11h _______________	17h _______________
12h _______________	18h _______________
13h _______________	19h _______________

5 Thursday

8h
9h
10h
11h
12h
13h

14h
15h
16h
17h
18h
19h

6 Friday

8h
9h
10h
11h
12h
13h

14h
15h
16h
17h
18h
19h

7 Saturday

8h
9h
10h
11h
12h
13h

14h
15h
16h
17h
18h
19h

8 Sunday

8h
9h
10h
11h
12h
13h

14h
15h
16h
17h
18h
19h

Priorities

- ◯ _______________________________________
- ◯ _______________________________________
- ◯ _______________________________________
- ◯ _______________________________________
- ◯ _______________________________________

January

M	T	W	T	F	S	S
						1
2	3	4	5	6	7	8
9	10	11	12	13	14	15
16	17	18	19	20	21	22
23	24	25	26	27	28	29
30	31					

9 Monday

8h ________________	14h ________________
9h ________________	15h ________________
10h ________________	16h ________________
11h ________________	17h ________________
12h ________________	18h ________________
13h ________________	19h ________________

10 Tuesday

8h ________________	14h ________________
9h ________________	15h ________________
10h ________________	16h ________________
11h ________________	17h ________________
12h ________________	18h ________________
13h ________________	19h ________________

11 Wednesday

8h ________________	14h ________________
9h ________________	15h ________________
10h ________________	16h ________________
11h ________________	17h ________________
12h ________________	18h ________________
13h ________________	19h ________________

12 Thursday

8h	14h
9h	15h
10h	16h
11h	17h
12h	18h
13h	19h

13 Friday

8h	14h
9h	15h
10h	16h
11h	17h
12h	18h
13h	19h

14 Saturday

8h	14h
9h	15h
10h	16h
11h	17h
12h	18h
13h	19h

15 Sunday

8h	14h
9h	15h
10h	16h
11h	17h
12h	18h
13h	19h

January 2023

Priorities _______________________________________

○ _______________________________________
○ _______________________________________
○ _______________________________________
○ _______________________________________
○ _______________________________________

16 Monday

8h	14h
9h	15h
10h	16h
11h	17h
12h	18h
13h	19h

17 Tuesday

8h	14h
9h	15h
10h	16h
11h	17h
12h	18h
13h	19h

18 Wednesday

8h	14h
9h	15h
10h	16h
11h	17h
12h	18h
13h	19h

19 Thursday

8h	14h
9h	15h
10h	16h
11h	17h
12h	18h
13h	19h

20 Friday

8h	14h
9h	15h
10h	16h
11h	17h
12h	18h
13h	19h

21 Saturday

8h	14h
9h	15h
10h	16h
11h	17h
12h	18h
13h	19h

22 Sunday

8h	14h
9h	15h
10h	16h
11h	17h
12h	18h
13h	19h

January 2023

Priorities

○ _______________________________

○ _______________________________

○ _______________________________

○ _______________________________

○ _______________________________

January

M	T	W	T	F	S	S
						1
2	3	4	5	6	7	8
9	10	11	12	13	14	15
16	17	18	19	20	21	22
23	24	25	26	27	28	29
30	31					

23 Monday

8h	14h
9h	15h
10h	16h
11h	17h
12h	18h
13h	19h

24 Tuesday

8h	14h
9h	15h
10h	16h
11h	17h
12h	18h
13h	19h

25 Wednesday

8h	14h
9h	15h
10h	16h
11h	17h
12h	18h
13h	19h

26 Thursday

8h

9h

10h

11h

12h

13h

14h

15h

16h

17h

18h

19h

27 Friday

8h

9h

10h

11h

12h

13h

14h

15h

16h

17h

18h

19h

28 Saturday

8h

9h

10h

11h

12h

13h

14h

15h

16h

17h

18h

19h

29 Sunday

8h

9h

10h

11h

12h

13h

14h

15h

16h

17h

18h

19h

January 2023

Priorities ____

M	T	W	T	F	S	S
						1
2	3	4	5	6	7	8
9	10	11	12	13	14	15
16	17	18	19	20	21	22
23	24	25	26	27	28	29
30	31	1	2	3	4	5

○ ____
○ ____
○ ____
○ ____
○ ____

30 Monday

8h	14h
9h	15h
10h	16h
11h	17h
12h	18h
13h	19h

31 Tuesday

8h	14h
9h	15h
10h	16h
11h	17h
12h	18h
13h	19h

1 Wednesday, February

8h	14h
9h	15h
10h	16h
11h	17h
12h	18h
13h	19h

2   Thursday, February

8h	14h
9h	15h
10h	16h
11h	17h
12h	18h
13h	19h

3   Friday, February

8h	14h
9h	15h
10h	16h
11h	17h
12h	18h
13h	19h

4   Saturday, February

8h	14h
9h	15h
10h	16h
11h	17h
12h	18h
13h	19h

5   Sunday, February

8h	14h
9h	15h
10h	16h
11h	17h
12h	18h
13h	19h

February

Monday	Tuesday	Wednesday	Thursday
30	31	1	2
6	7	8	9
12	14	15	16
20	21	22	23
27	28	1	2

	Friday	Saturday	Sunday	Priorities

Friday	Saturday	Sunday	Priorities
3	4	5	O ________
			O ________
			O ________
			O ________
10	11	12	O ________
			O ________
			O ________
			O ________
17	18	19	O ________
			O ________
			Notes
24	25	26	
3	4	5	

February 2023

Priorities

- ◯ ________________________________
- ◯ ________________________________
- ◯ ________________________________
- ◯ ________________________________
- ◯ ________________________________

February

M	T	W	T	F	S	S
		1	2	3	4	5
6	7	8	9	10	11	12
13	14	15	16	17	18	19
20	21	22	23	24	25	26
27	28					

6 Monday

8h ________________________ 14h ________________________
9h ________________________ 15h ________________________
10h ________________________ 16h ________________________
11h ________________________ 17h ________________________
12h ________________________ 18h ________________________
13h ________________________ 19h ________________________

7 Tuesday

8h ________________________ 14h ________________________
9h ________________________ 15h ________________________
10h ________________________ 16h ________________________
11h ________________________ 17h ________________________
12h ________________________ 18h ________________________
13h ________________________ 19h ________________________

8 Wednesday

8h ________________________ 14h ________________________
9h ________________________ 15h ________________________
10h ________________________ 16h ________________________
11h ________________________ 17h ________________________
12h ________________________ 18h ________________________
13h ________________________ 19h ________________________

9 Thursday

8h	14h
9h	15h
10h	16h
11h	17h
12h	18h
13h	19h

10 Friday

8h	14h
9h	15h
10h	16h
11h	17h
12h	18h
13h	19h

11 Saturday

8h	14h
9h	15h
10h	16h
11h	17h
12h	18h
13h	19h

12 Sunday

8h	14h
9h	15h
10h	16h
11h	17h
12h	18h
13h	19h

February 2023

Priorities _______________________________

	M	T	W	T	F	S	S
			1	2	3	4	5
	6	7	8	9	10	11	12
	13	14	15	16	17	18	19
	20	21	22	23	24	25	26
	27	28					

○ _______________________________
○ _______________________________
○ _______________________________
○ _______________________________
○ _______________________________

13 Monday

8h	14h
9h	15h
10h	16h
11h	17h
12h	18h
13h	19h

14 Tuesday

8h	14h
9h	15h
10h	16h
11h	17h
12h	18h
13h	19h

15 Wednesday

8h	14h
9h	15h
10h	16h
11h	17h
12h	18h
13h	19h

16 Thursday

8h
9h
10h
11h
12h
13h

14h
15h
16h
17h
18h
19h

17 Friday

8h
9h
10h
11h
12h
13h

14h
15h
16h
17h
18h
19h

18 Saturday

8h
9h
10h
11h
12h
13h

14h
15h
16h
17h
18h
19h

19 Sunday

8h
9h
10h
11h
12h
13h

14h
15h
16h
17h
18h
19h

February 2023

Priorities ____

○ ____

○ ____

○ ____

○ ____

○ ____

20 Monday

8h ________________________   14h ________________________

9h ________________________   15h ________________________

10h ________________________   16h ________________________

11h ________________________   17h ________________________

12h ________________________   18h ________________________

13h ________________________   19h ________________________

21 Tuesday

8h ________________________   14h ________________________

9h ________________________   15h ________________________

10h ________________________   16h ________________________

11h ________________________   17h ________________________

12h ________________________   18h ________________________

13h ________________________   19h ________________________

22 Wednesday

8h ________________________   14h ________________________

9h ________________________   15h ________________________

10h ________________________   16h ________________________

11h ________________________   17h ________________________

12h ________________________   18h ________________________

13h ________________________   19h ________________________

23 Thursday

8h	14h
9h	15h
10h	16h
11h	17h
12h	18h
13h	19h

24 Friday

8h	14h
9h	15h
10h	16h
11h	17h
12h	18h
13h	19h

25 Saturday

8h	14h
9h	15h
10h	16h
11h	17h
12h	18h
13h	19h

26 Sunday

8h	14h
9h	15h
10h	16h
11h	17h
12h	18h
13h	19h

February 2023

Priorities

- ○ _______________
- ○ _______________
- ○ _______________
- ○ _______________
- ○ _______________

February

M	T	W	T	F	S	S
	1	2	3	4	5	
6	7	8	9	10	11	12
13	14	15	16	17	18	19
20	21	22	23	24	25	26
27	28	1	2	3	4	5

27 Monday

8h	14h
9h	15h
10h	16h
11h	17h
12h	18h
13h	19h

28 Tuesday

8h	14h
9h	15h
10h	16h
11h	17h
12h	18h
13h	19h

1 Wednesday, March

8h	14h
9h	15h
10h	16h
11h	17h
12h	18h
13h	19h

2 — Thursday, March

8h	14h
9h	15h
10h	16h
11h	17h
12h	18h
13h	19h

3 — Friday, March

8h	14h
9h	15h
10h	16h
11h	17h
12h	18h
13h	19h

4 — Saturday, March

8h	14h
9h	15h
10h	16h
11h	17h
12h	18h
13h	19h

5 — Sunday, March

8h	14h
9h	15h
10h	16h
11h	17h
12h	18h
13h	19h

Monday	Tuesday	Wednesday	Thursday
27	28	1	2
6	7	8	9
12	14	15	16
20	21	22	23
27	28	29	30

Friday	Saturday	Sunday	Priorities
3	4	5	O
10	11	12	O
17	18	19	O
24	25	26	O
31	1	2	O

Notes

March 2023

March

M	T	W	T	F	S	S
		1	2	3	4	5
6	7	8	9	10	11	12
13	14	15	16	17	18	19
20	21	22	23	24	25	26
27	28	29	30	31		

- ◯ ____________________
- ◯ ____________________
- ◯ ____________________
- ◯ ____________________
- ◯ ____________________

6 Monday

8h	14h
9h	15h
10h	16h
11h	17h
12h	18h
13h	19h

7 Tuesday

8h	14h
9h	15h
10h	16h
11h	17h
12h	18h
13h	19h

8 Wednesday

8h	14h
9h	15h
10h	16h
11h	17h
12h	18h
13h	19h

9 Thursday

8h	14h
9h	15h
10h	16h
11h	17h
12h	18h
13h	19h

10 Friday

8h	14h
9h	15h
10h	16h
11h	17h
12h	18h
13h	19h

11 Saturday

8h	14h
9h	15h
10h	16h
11h	17h
12h	18h
13h	19h

12 Sunday

8h	14h
9h	15h
10h	16h
11h	17h
12h	18h
13h	19h

March 2023

Priorities

March

M	T	W	T	F	S	S
		1	2	3	4	5
6	7	8	9	10	11	12
13	14	15	16	17	18	19
20	21	22	23	24	25	26
27	28	29	30	31		

- ○ ______________________
- ○ ______________________
- ○ ______________________
- ○ ______________________
- ○ ______________________

13 Monday

8h	14h
9h	15h
10h	16h
11h	17h
12h	18h
13h	19h

14 Tuesday

8h	14h
9h	15h
10h	16h
11h	17h
12h	18h
13h	19h

15 Wednesday

8h	14h
9h	15h
10h	16h
11h	17h
12h	18h
13h	19h

16 Thursday

8h __________________________ 14h __________________________
9h __________________________ 15h __________________________
10h __________________________ 16h __________________________
11h __________________________ 17h __________________________
12h __________________________ 18h __________________________
13h __________________________ 19h __________________________

17 Friday

8h __________________________ 14h __________________________
9h __________________________ 15h __________________________
10h __________________________ 16h __________________________
11h __________________________ 17h __________________________
12h __________________________ 18h __________________________
13h __________________________ 19h __________________________

18 Saturday

8h __________________________ 14h __________________________
9h __________________________ 15h __________________________
10h __________________________ 16h __________________________
11h __________________________ 17h __________________________
12h __________________________ 18h __________________________
13h __________________________ 19h __________________________

19 Sunday

8h __________________________ 14h __________________________
9h __________________________ 15h __________________________
10h __________________________ 16h __________________________
11h __________________________ 17h __________________________
12h __________________________ 18h __________________________
13h __________________________ 19h __________________________

March 2023

March

M	T	W	T	F	S	S
		1	2	3	4	5
6	7	8	9	10	11	12
13	14	15	16	17	18	19
20	21	22	23	24	25	26
27	28	29	30	31		

- ◯ _______________________________________
- ◯ _______________________________________
- ◯ _______________________________________
- ◯ _______________________________________
- ◯ _______________________________________

20 Monday

8h	14h
9h	15h
10h	16h
11h	17h
12h	18h
13h	19h

21 Tuesday

8h	14h
9h	15h
10h	16h
11h	17h
12h	18h
13h	19h

22 Wednesday

8h	14h
9h	15h
10h	16h
11h	17h
12h	18h
13h	19h

23 Thursday

8h	14h
9h	15h
10h	16h
11h	17h
12h	18h
13h	19h

24 Friday

8h	14h
9h	15h
10h	16h
11h	17h
12h	18h
13h	19h

25 Saturday

8h	14h
9h	15h
10h	16h
11h	17h
12h	18h
13h	19h

26 Sunday

8h	14h
9h	15h
10h	16h
11h	17h
12h	18h
13h	19h

March 2023

March

M	T	W	T	F	S	S
		1	2	3	4	5
6	7	8	9	10	11	12
13	14	15	16	17	18	19
20	21	22	23	24	25	26
27	28	29	30	31	1	2

○ ____
○ ____
○ ____
○ ____
○ ____

27 Monday

8h	14h
9h	15h
10h	16h
11h	17h
12h	18h
13h	19h

28 Tuesday

8h	14h
9h	15h
10h	16h
11h	17h
12h	18h
13h	19h

29 Wednesday

8h	14h
9h	15h
10h	16h
11h	17h
12h	18h
13h	19h

30 Thursday

8h
9h
10h
11h
12h
13h

14h
15h
16h
17h
18h
19h

31 Friday

8h
9h
10h
11h
12h
13h

14h
15h
16h
17h
18h
19h

1 Saturday, April

8h
9h
10h
11h
12h
13h

14h
15h
16h
17h
18h
19h

2 Sunday, April

8h
9h
10h
11h
12h
13h

14h
15h
16h
17h
18h
19h

April

Monday	Tuesday	Wednesday	Thursday
27	28	29	30
3	4	5	6
10	11	12	13
17	18	19	20
24	25	26	27

Friday	Saturday	Sunday	Priorities
31	1	2	O __________
			O __________
			O __________
			O __________
7	8	9	O __________
			O __________
			O __________
			O __________
14	15	16	O __________
			O __________
21	22	23	**Notes**
28	29	30	

April 2023

Priorities ____

April

M	T	W	T	F	S	S
					1	2
3	4	5	6	7	8	9
10	11	12	13	14	15	16
17	18	19	20	21	22	23
24	25	26	27	28	29	30

○ ____

○ ____

○ ____

○ ____

○ ____

3 Monday

8h	14h
9h	15h
10h	16h
11h	17h
12h	18h
13h	19h

4 Tuesday

8h	14h
9h	15h
10h	16h
11h	17h
12h	18h
13h	19h

5 Wednesday

8h	14h
9h	15h
10h	16h
11h	17h
12h	18h
13h	19h

6 Thursday

8h	14h
9h	15h
10h	16h
11h	17h
12h	18h
13h	19h

7 Friday

8h	14h
9h	15h
10h	16h
11h	17h
12h	18h
13h	19h

8 Saturday

8h	14h
9h	15h
10h	16h
11h	17h
12h	18h
13h	19h

9 Sunday

8h	14h
9h	15h
10h	16h
11h	17h
12h	18h
13h	19h

April 2023

Priorities

April

M	T	W	T	F	S	S
					1	2
3	4	5	6	7	8	9
10	11	12	13	14	15	16
17	18	19	20	21	22	23
24	25	26	27	28	29	30

○
○
○
○
○

10 Monday

8h	14h
9h	15h
10h	16h
11h	17h
12h	18h
13h	19h

11 Tuesday

8h	14h
9h	15h
10h	16h
11h	17h
12h	18h
13h	19h

12 Wednesday

8h	14h
9h	15h
10h	16h
11h	17h
12h	18h
13h	19h

13 Thursday

8h

9h

10h

11h

12h

13h

14h

15h

16h

17h

18h

19h

14 Friday

8h

9h

10h

11h

12h

13h

14h

15h

16h

17h

18h

19h

15 Saturday

8h

9h

10h

11h

12h

13h

14h

15h

16h

17h

18h

19h

16 Sunday

8h

9h

10h

11h

12h

13h

14h

15h

16h

17h

18h

19h

April 2023

April

M	T	W	T	F	S	S
					1	2
3	4	5	6	7	8	9
10	11	12	13	14	15	16
17	18	19	20	21	22	23
24	25	26	27	28	29	30

17 Monday

8h	14h
9h	15h
10h	16h
11h	17h
12h	18h
13h	19h

18 Tuesday

8h	14h
9h	15h
10h	16h
11h	17h
12h	18h
13h	19h

19 Wednesday

8h	14h
9h	15h
10h	16h
11h	17h
12h	18h
13h	19h

20 Thursday

8h \
9h \
10h \
11h \
12h \
13h \
14h \
15h \
16h \
17h \
18h \
19h

21 Friday

8h \
9h \
10h \
11h \
12h \
13h \
14h \
15h \
16h \
17h \
18h \
19h

22 Saturday

8h \
9h \
10h \
11h \
12h \
13h \
14h \
15h \
16h \
17h \
18h \
19h

23 Sunday

8h \
9h \
10h \
11h \
12h \
13h \
14h \
15h \
16h \
17h \
18h \
19h

April 2023

Priorities

M	T	W	T	F	S	S
					1	2
3	4	5	6	7	8	9
10	11	12	13	14	15	16
17	18	19	20	21	22	23
24	25	26	27	28	29	30

○ ___________________________________

○ ___________________________________

○ ___________________________________

○ ___________________________________

○ ___________________________________

24 Monday

8h ___________________ 14h ___________________

9h ___________________ 15h ___________________

10h ___________________ 16h ___________________

11h ___________________ 17h ___________________

12h ___________________ 18h ___________________

13h ___________________ 19h ___________________

25 Tuesday

8h ___________________ 14h ___________________

9h ___________________ 15h ___________________

10h ___________________ 16h ___________________

11h ___________________ 17h ___________________

12h ___________________ 18h ___________________

13h ___________________ 19h ___________________

26 Wednesday

8h ___________________ 14h ___________________

9h ___________________ 15h ___________________

10h ___________________ 16h ___________________

11h ___________________ 17h ___________________

12h ___________________ 18h ___________________

13h ___________________ 19h ___________________

27 Thursday

8h
9h
10h
11h
12h
13h

14h
15h
16h
17h
18h
19h

28 Friday

8h
9h
10h
11h
12h
13h

14h
15h
16h
17h
18h
19h

29 Saturday

8h
9h
10h
11h
12h
13h

14h
15h
16h
17h
18h
19h

30 Sunday

8h
9h
10h
11h
12h
13h

14h
15h
16h
17h
18h
19h

May

Monday	Tuesday	Wednesday	Thursday
1	2	3	4
8	9	10	11
15	16	17	18
22	23	24	19
29	30	31	1

Friday	Saturday	Sunday	Priorities
5	6	7	
12	13	14	
19	20	21	
26	27	28	
2	3	4	

Notes

May 2023

Priorities

○ ______________________________________
○ ______________________________________
○ ______________________________________
○ ______________________________________
○ ______________________________________

May

M	T	W	T	F	S	S
1	2	3	4	5	6	7
8	9	10	11	12	13	14
15	16	17	18	19	20	21
22	23	24	25	26	27	28
29	30	31				

1 Monday

8h	14h
9h	15h
10h	16h
11h	17h
12h	18h
13h	19h

2 Tuesday

8h	14h
9h	15h
10h	16h
11h	17h
12h	18h
13h	19h

3 Wednesday

8h	14h
9h	15h
10h	16h
11h	17h
12h	18h
13h	19h

4 Thursday

8h	14h
9h	15h
10h	16h
11h	17h
12h	18h
13h	19h

5 Friday

8h	14h
9h	15h
10h	16h
11h	17h
12h	18h
13h	19h

6 Saturday

8h	14h
9h	15h
10h	16h
11h	17h
12h	18h
13h	19h

7 Sunday

8h	14h
9h	15h
10h	16h
11h	17h
12h	18h
13h	19h

May 2023

Priorities

- ◯ ____
- ◯ ____
- ◯ ____
- ◯ ____
- ◯ ____

M	T	W	T	F	S	S
1	2	3	4	5	6	7
8	9	10	11	12	13	14
15	16	17	18	19	20	21
22	23	24	25	26	27	28
29	30	31				

8 Monday

8h	14h
9h	15h
10h	16h
11h	17h
12h	18h
13h	19h

9 Tuesday

8h	14h
9h	15h
10h	16h
11h	17h
12h	18h
13h	19h

10 Wednesday

8h	14h
9h	15h
10h	16h
11h	17h
12h	18h
13h	19h

11 Thursday

8h
9h
10h
11h
12h
13h

14h
15h
16h
17h
18h
19h

12 Friday

8h
9h
10h
11h
12h
13h

14h
15h
16h
17h
18h
19h

13 Saturday

8h
9h
10h
11h
12h
13h

14h
15h
16h
17h
18h
19h

14 Sunday

8h
9h
10h
11h
12h
13h

14h
15h
16h
17h
18h
19h

May 2023

Priorities

- ○ ______________________
- ○ ______________________
- ○ ______________________
- ○ ______________________
- ○ ______________________

May

M	T	W	T	F	S	S
1	2	3	4	5	6	7
8	9	10	11	12	13	14
15	16	17	18	19	20	21
22	23	24	25	26	27	28
29	30	31				

15 Monday

8h	14h
9h	15h
10h	16h
11h	17h
12h	18h
13h	19h

16 Tuesday

8h	14h
9h	15h
10h	16h
11h	17h
12h	18h
13h	19h

17 Wednesday

8h	14h
9h	15h
10h	16h
11h	17h
12h	18h
13h	19h

18 Thursday

8h	14h
9h	15h
10h	16h
11h	17h
12h	18h
13h	19h

19 Friday

8h	14h
9h	15h
10h	16h
11h	17h
12h	18h
13h	19h

20 Saturday

8h	14h
9h	15h
10h	16h
11h	17h
12h	18h
13h	19h

21 Sunday

8h	14h
9h	15h
10h	16h
11h	17h
12h	18h
13h	19h

May 2023

May

M	T	W	T	F	S	S
1	2	3	4	5	6	7
8	9	10	11	12	13	14
15	16	17	18	19	20	21
22	23	24	25	26	27	28
29	30	31				

22 Monday

8h	14h
9h	15h
10h	16h
11h	17h
12h	18h
13h	19h

23 Tuesday

8h	14h
9h	15h
10h	16h
11h	17h
12h	18h
13h	19h

24 Wednesday

8h	14h
9h	15h
10h	16h
11h	17h
12h	18h
13h	19h

25 Thursday

8h ___________________________ 14h ___________________________

9h ___________________________ 15h ___________________________

10h ___________________________ 16h ___________________________

11h ___________________________ 17h ___________________________

12h ___________________________ 18h ___________________________

13h ___________________________ 19h ___________________________

26 Friday

8h ___________________________ 14h ___________________________

9h ___________________________ 15h ___________________________

10h ___________________________ 16h ___________________________

11h ___________________________ 17h ___________________________

12h ___________________________ 18h ___________________________

13h ___________________________ 19h ___________________________

27 Saturday

8h ___________________________ 14h ___________________________

9h ___________________________ 15h ___________________________

10h ___________________________ 16h ___________________________

11h ___________________________ 17h ___________________________

12h ___________________________ 18h ___________________________

13h ___________________________ 19h ___________________________

28 Sunday

8h ___________________________ 14h ___________________________

9h ___________________________ 15h ___________________________

10h ___________________________ 16h ___________________________

11h ___________________________ 17h ___________________________

12h ___________________________ 18h ___________________________

13h ___________________________ 19h ___________________________

May 2023

Priorities

○ ______________________________________

○ ______________________________________

○ ______________________________________

○ ______________________________________

○ ______________________________________

May

M	T	W	T	F	S	S
1	2	3	4	5	6	7
8	9	10	11	12	13	14
15	16	17	18	19	20	21
22	23	24	25	26	27	28
29	30	31	1	2	3	4

29 Monday

8h	14h
9h	15h
10h	16h
11h	17h
12h	18h
13h	19h

30 Tuesday

8h	14h
9h	15h
10h	16h
11h	17h
12h	18h
13h	19h

31 Wednesday

8h	14h
9h	15h
10h	16h
11h	17h
12h	18h
13h	19h

1 Thursday, June

8h _______________________
9h _______________________
10h _______________________
11h _______________________
12h _______________________
13h _______________________

14h _______________________
15h _______________________
16h _______________________
17h _______________________
18h _______________________
19h _______________________

2 Friday, June

8h _______________________
9h _______________________
10h _______________________
11h _______________________
12h _______________________
13h _______________________

14h _______________________
15h _______________________
16h _______________________
17h _______________________
18h _______________________
19h _______________________

3 Saturday, June

8h _______________________
9h _______________________
10h _______________________
11h _______________________
12h _______________________
13h _______________________

14h _______________________
15h _______________________
16h _______________________
17h _______________________
18h _______________________
19h _______________________

4 Sunday, June

8h _______________________
9h _______________________
10h _______________________
11h _______________________
12h _______________________
13h _______________________

14h _______________________
15h _______________________
16h _______________________
17h _______________________
18h _______________________
19h _______________________

June

Monday	Tuesday	Wednesday	Thursday
29	30	31	1
5	6	7	8
12	13	14	15
19	20	21	22
26	27	28	29

Friday	Saturday	Sunday	Priorities
2	3	4	O
9	10	11	O O O O O
16	17	18	O O O O O
23	24	25	
30	1	2	

Notes

Priorities

- ○ _______________________________________
- ○ _______________________________________
- ○ _______________________________________
- ○ _______________________________________
- ○ _______________________________________

5 Monday

8h	14h
9h	15h
10h	16h
11h	17h
12h	18h
13h	19h

6 Tuesday

8h	14h
9h	15h
10h	16h
11h	17h
12h	18h
13h	19h

7 Wednesday

8h	14h
9h	15h
10h	16h
11h	17h
12h	18h
13h	19h

8 Thursday

8h

9h

10h

11h

12h

13h

14h

15h

16h

17h

18h

19h

9 Friday

8h

9h

10h

11h

12h

13h

14h

15h

16h

17h

18h

19h

10 Saturday

8h

9h

10h

11h

12h

13h

14h

15h

16h

17h

18h

19h

11 Sunday

8h

9h

10h

11h

12h

13h

14h

15h

16h

17h

18h

19h

June 2023

June

M	T	W	T	F	S	S
			1	2	3	4
5	6	7	8	9	10	11
12	13	14	15	16	17	18
19	20	21	22	23	24	25
26	27	28	29	30		

○ ____
○ ____
○ ____
○ ____
○ ____

12 Monday

8h	14h
9h	15h
10h	16h
11h	17h
12h	18h
13h	19h

13 Tuesday

8h	14h
9h	15h
10h	16h
11h	17h
12h	18h
13h	19h

14 Wednesday

8h	14h
9h	15h
10h	16h
11h	17h
12h	18h
13h	19h

15 Thursday

8h
9h
10h
11h
12h
13h

14h
15h
16h
17h
18h
19h

16 Friday

8h
9h
10h
11h
12h
13h

14h
15h
16h
17h
18h
19h

17 Saturday

8h
9h
10h
11h
12h
13h

14h
15h
16h
17h
18h
19h

18 Sunday

8h
9h
10h
11h
12h
13h

14h
15h
16h
17h
18h
19h

June 2023

June

M	T	W	T	F	S	S
			1	2	3	4
5	6	7	8	9	10	11
12	13	14	15	16	17	18
19	20	21	22	23	24	25
26	27	28	29	30		

19 Monday

8h
9h
10h
11h
12h
13h

14h
15h
16h
17h
18h
19h

20 Tuesday

8h
9h
10h
11h
12h
13h

14h
15h
16h
17h
18h
19h

21 Wednesday

8h
9h
10h
11h
12h
13h

14h
15h
16h
17h
18h
19h

22 Thursday

8h
9h
10h
11h
12h
13h

14h
15h
16h
17h
18h
19h

23 Friday

8h
9h
10h
11h
12h
13h

14h
15h
16h
17h
18h
19h

24 Saturday

8h
9h
10h
11h
12h
13h

14h
15h
16h
17h
18h
19h

25 Sunday

8h
9h
10h
11h
12h
13h

14h
15h
16h
17h
18h
19h

June 2023

Priorities

○ ____

○ ____

○ ____

○ ____

○ ____

June

M	T	W	T	F	S	S
			1	2	3	4
5	6	7	8	9	10	11
12	13	14	15	16	17	18
19	20	21	22	23	24	25
26	27	28	29	30	1	2

26 Monday

8h __________________	14h __________________
9h __________________	15h __________________
10h __________________	16h __________________
11h __________________	17h __________________
12h __________________	18h __________________
13h __________________	19h __________________

27 Tuesday

8h __________________	14h __________________
9h __________________	15h __________________
10h __________________	16h __________________
11h __________________	17h __________________
12h __________________	18h __________________
13h __________________	19h __________________

28 Wednesday

8h __________________	14h __________________
9h __________________	15h __________________
10h __________________	16h __________________
11h __________________	17h __________________
12h __________________	18h __________________
13h __________________	19h __________________

29   Thursday

8h	14h
9h	15h
10h	16h
11h	17h
12h	18h
13h	19h

30   Friday

8h	14h
9h	15h
10h	16h
11h	17h
12h	18h
13h	19h

1   Saturday, July

8h	14h
9h	15h
10h	16h
11h	17h
12h	18h
13h	19h

2   Sunday, July

8h	14h
9h	15h
10h	16h
11h	17h
12h	18h
13h	19h

July

Monday	Tuesday	Wednesday	Thursday
26	27	28	29
3	4	5	6
10	11	12	13
17	18	19	20
24	25	26	27
31	1	2	3

Friday	Saturday	Sunday	Priorities
30	1	2	O
7	8	9	O
14	15	16	O
21	22	23	O
28	29	30	O
4	5	6	O

Notes

July 2023

Priorities

○ _____________________________
○ _____________________________
○ _____________________________
○ _____________________________
○ _____________________________

July

M	T	W	T	F	S	S
					1	2
3	4	5	6	7	8	9
10	11	12	13	14	15	16
17	18	19	20	21	22	23
24	25	26	27	28	29	30
31						

3 Monday

8h	14h
9h	15h
10h	16h
11h	17h
12h	18h
13h	19h

4 Tuesday

8h	14h
9h	15h
10h	16h
11h	17h
12h	18h
13h	19h

5 Wednesday

8h	14h
9h	15h
10h	16h
11h	17h
12h	18h
13h	19h

6 Thursday

8h ____________________ 14h ____________________
9h ____________________ 15h ____________________
10h ____________________ 16h ____________________
11h ____________________ 17h ____________________
12h ____________________ 18h ____________________
13h ____________________ 19h ____________________

7 Friday

8h ____________________ 14h ____________________
9h ____________________ 15h ____________________
10h ____________________ 16h ____________________
11h ____________________ 17h ____________________
12h ____________________ 18h ____________________
13h ____________________ 19h ____________________

8 Saturday

8h ____________________ 14h ____________________
9h ____________________ 15h ____________________
10h ____________________ 16h ____________________
11h ____________________ 17h ____________________
12h ____________________ 18h ____________________
13h ____________________ 19h ____________________

9 Sunday

8h ____________________ 14h ____________________
9h ____________________ 15h ____________________
10h ____________________ 16h ____________________
11h ____________________ 17h ____________________
12h ____________________ 18h ____________________
13h ____________________ 19h ____________________

July 2023

Priorities

○ ____

○ ____

○ ____

○ ____

○ ____

July

M	T	W	T	F	S	S
					1	2
3	4	5	6	7	8	9
10	11	12	13	14	15	16
17	18	19	20	21	22	23
24	25	26	27	28	29	30
31						

10 Monday

8h	14h
9h	15h
10h	16h
11h	17h
12h	18h
13h	19h

11 Tuesday

8h	14h
9h	15h
10h	16h
11h	17h
12h	18h
13h	19h

12 Wednesday

8h	14h
9h	15h
10h	16h
11h	17h
12h	18h
13h	19h

13 Thursday

8h	14h
9h	15h
10h	16h
11h	17h
12h	18h
13h	19h

14 Friday

8h	14h
9h	15h
10h	16h
11h	17h
12h	18h
13h	19h

15 Saturday

8h	14h
9h	15h
10h	16h
11h	17h
12h	18h
13h	19h

16 Sunday

8h	14h
9h	15h
10h	16h
11h	17h
12h	18h
13h	19h

July 2023

Priorities

M	T	W	T	F	S	S
					1	2
3	4	5	6	7	8	9
10	11	12	13	14	15	16
17	18	19	20	21	22	23
24	25	26	27	28	29	30
31						

○ ___________________________________
○ ___________________________________
○ ___________________________________
○ ___________________________________
○ ___________________________________

17 Monday

8h	14h
9h	15h
10h	16h
11h	17h
12h	18h
13h	19h

18 Tuesday

8h	14h
9h	15h
10h	16h
11h	17h
12h	18h
13h	19h

19 Wednesday

8h	14h
9h	15h
10h	16h
11h	17h
12h	18h
13h	19h

20 Thursday

8h
9h
10h
11h
12h
13h

14h
15h
16h
17h
18h
19h

21 Friday

8h
9h
10h
11h
12h
13h

14h
15h
16h
17h
18h
19h

22 Saturday

8h
9h
10h
11h
12h
13h

14h
15h
16h
17h
18h
19h

23 Sunday

8h
9h
10h
11h
12h
13h

14h
15h
16h
17h
18h
19h

July 2023

Priorities

○ _______________________________________

○ _______________________________________

○ _______________________________________

○ _______________________________________

○ _______________________________________

July

M	T	W	T	F	S	S
					1	2
3	4	5	6	7	8	9
10	11	12	13	14	15	16
17	18	19	20	21	22	23
24	25	26	27	28	29	30
31						

24 Monday

8h _______________________ 14h _______________________

9h _______________________ 15h _______________________

10h _______________________ 16h _______________________

11h _______________________ 17h _______________________

12h _______________________ 18h _______________________

13h _______________________ 19h _______________________

25 Tuesday

8h _______________________ 14h _______________________

9h _______________________ 15h _______________________

10h _______________________ 16h _______________________

11h _______________________ 17h _______________________

12h _______________________ 18h _______________________

13h _______________________ 19h _______________________

26 Wednesday

8h _______________________ 14h _______________________

9h _______________________ 15h _______________________

10h _______________________ 16h _______________________

11h _______________________ 17h _______________________

12h _______________________ 18h _______________________

13h _______________________ 19h _______________________

27 Thursday

8h	14h
9h	15h
10h	16h
11h	17h
12h	18h
13h	19h

28 Friday

8h	14h
9h	15h
10h	16h
11h	17h
12h	18h
13h	19h

29 Saturday

8h	14h
9h	15h
10h	16h
11h	17h
12h	18h
13h	19h

30 Sunday

8h	14h
9h	15h
10h	16h
11h	17h
12h	18h
13h	19h

July 2023

Priorities ______________________________

M	T	W	T	F	S	S
					1	2
3	4	5	6	7	8	9
10	11	12	13	14	15	16
17	18	19	20	21	22	23
24	25	26	27	28	29	30
31	1	2	3	4	5	6

- ○ ______________________________
- ○ ______________________________
- ○ ______________________________
- ○ ______________________________
- ○ ______________________________

31 Monday

8h	14h
9h	15h
10h	16h
11h	17h
12h	18h
13h	19h

1 Tuesday, August

8h	14h
9h	15h
10h	16h
11h	17h
12h	18h
13h	19h

2 Wednesday, August

8h	14h
9h	15h
10h	16h
11h	17h
12h	18h
13h	19h

3 — Thursday, August

8h	14h
9h	15h
10h	16h
11h	17h
12h	18h
13h	19h

4 — Friday, August

8h	14h
9h	15h
10h	16h
11h	17h
12h	18h
13h	19h

5 — Saturday, August

8h	14h
9h	15h
10h	16h
11h	17h
12h	18h
13h	19h

6 — Sunday, August

8h	14h
9h	15h
10h	16h
11h	17h
12h	18h
13h	19h

Notes

Notes

Notes

Notes

Notes

Notes

Notes

Notes

Notes

Contacts

Contacts

Contacts

Contacts

Passwords

Passwords